AF749704

CÁLCULO FÁCIL

Primaria

PARA ATENCIÓN A LA DIVERSIDAD Y AL DESARROLLO DE LAS COMPETENCIAS BÁSICAS

Cuaderno 17

3ª Edición REVISADA y ACTUALIZADA

GEU EDITORIAL

Equipo Ábaco

Equipo Ábaco: María del Prado Díaz del Castillo Hernández
Ana María García Bueno
José Manuel Montes Vera

ISBN: 978-84-9915-502-9
Depósito Legal: GR-2894-2011

Edita: Editorial GEU
Imprime: Lozano Impresores S.L.
Distribuye: Editorial GEU
Tlf.: 958 800 580
Fax: 958 291 615
http://www.editorialgeu.com
e-mail: info@editorialgeu.com

Suma

32746 + 17295

73415 + 2968

74296 + 1927

73291 + 45419

Resta

17290 - 1025

46781 - 1024

72093 - 1023

46247 - 1022

Multiplica

27612 x 191

4862 x 383

5073 x 272

Divide

73265 | 315

63584 | 220

Completa esta tabla

	+	-	x	÷
30.909	73265	27819	107	97
50.500	74615	25250	505	250

Averigua los números que faltan en cada operación

- 27564 + ________ + 2412 = 41296
- 27491 - ________ = 189
- 4726 x ________ = 118150
- 29630 : ________ = 5926

Operaciones

Completa el término que falta en cada división

.... | 720	.... | 325
18 (cociente)	57 (cociente)
9 (resto)	8 (resto)
| 25	| 530
1023 (cociente)	16 (cociente)
9 (resto)	14 (resto)

Calcula

(24 x 10) : (35 + 5) = ☐ : ☐ = ☐

(25 - 5) + (100 : 10) = ☐ : ☐ = ☐

Aplica la propiedad conmutativa de la suma

(A) 76259 (B) 32581

A + B = ______

B + A = ______

Aplica ahora la propiedad asociativa

(A) 25315 (B) 24986 (C) 62015

(A + B) + C → ______ + ______ = ______

(A + C) + B → ______ + ______ = ______

A + (B + C) → ______ + ______ = ______

¿Cómo son los resultados en los tres casos? ------------------

Observa el ejemplo y aplica la propiedad distributiva

50 x (20 + 10) = (50 x 20) + (50 x 10) = 1000 + 500 = 1500

30 x (20 + 10) = (x) + (x) = ______ + ______ = ______

20 x (40 + 30) = x + x = ______ + ______ = ______

60 x (10 + 50) = x + x = ______ + ______ = ______

70 x (80 + 10) = x + x = ______ + ______ = ______

50 x (30 + 40) = x + x = ______ + ______ = ______

Halla los términos que faltan en cada una de estas restas

27249 - ______ = 12586

______ - 3586 = 42927

52967 - 37853 = ______

Haz aquí las operaciones

Aplica la prueba de la resta y comprobarás que hay cuatro operaciones que no son correctas. Rodéalas y hazlas de nuevo

73259	41286	45724	36279	73290	46257
- 1786	- 2495	- 186	- 17241	- 15297	- 29632
71473	38781	44538	18038	67993	16625
+	+	+	+	+	+

¿Qué dos restas puedes formar con estas sumas?

36297
+ 41262
77559

77559 - 36297 = 41262

77559 - 41262 = 36297

53586
+ 29712

______ - ______ = ______

______ - ______ = ______

46247
+ 15286

______ - ______ = ______

______ - ______ = ______

Realiza estas operaciones observando los valores de las letras

a = 21240	b = 35117	c = 24290	d = 12007

I • a + b - c - d

II • (b + d) - (a + c)

III • (3 x b) - d

IV • 2 x d + c

V • 5 x c - 2 x a

Operaciones

Aplica estas claves

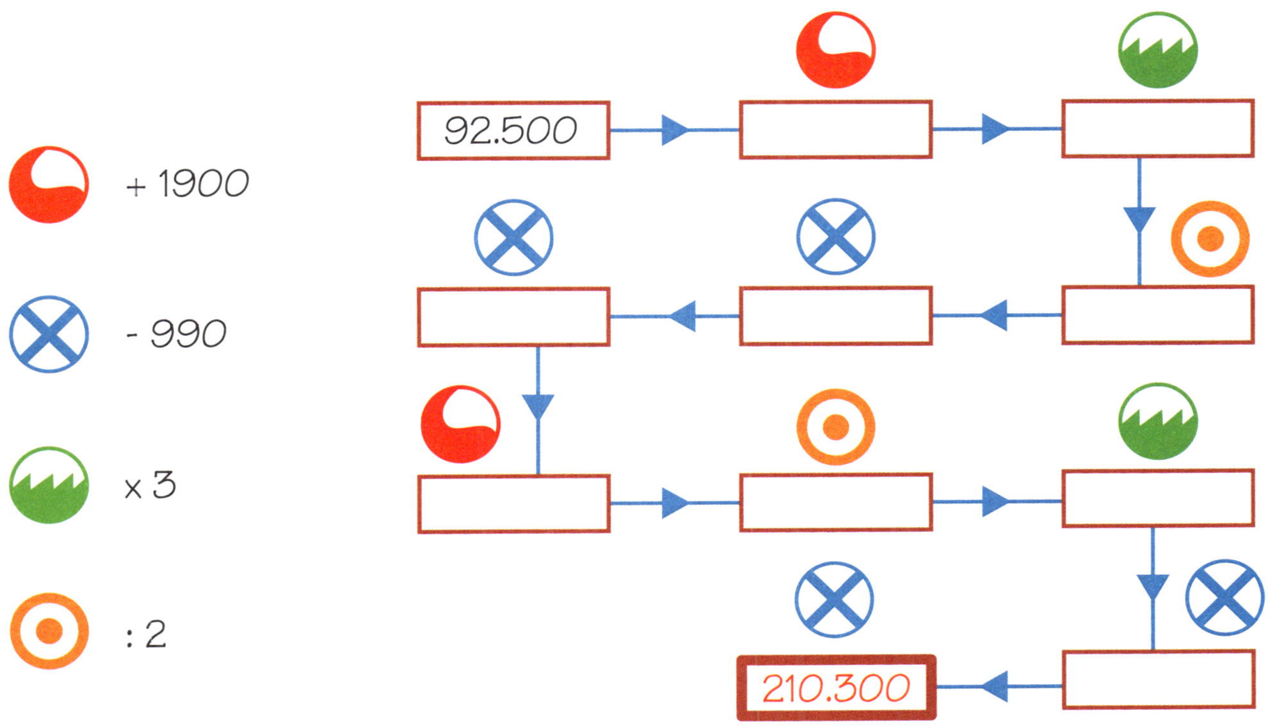

Realiza estas operaciones combinadas

$25 \times 4 - 90 : 9 =$ ______ - ______ = ______

$200 - 10 \times 2 + 20 =$ ______ - ______ = ______

$70 : 7 + 200 : 20 - 5 \times 10 - 2 \times 4 =$ ______ + ______ - ______ - ______ = ______

Cálculo

2400 × 203	6200 × 109	4600 × 902	7300 × 107
73002 × 209	46007 × 2009	50029 × 3005	40021 × 4003

Divide

250 | 25	2500 | 250	25000 | 2500
490 | 70	4900 | 70	49000 | 70
49000 | 700	4900 | 700	49000 | 7

Hacer las operaciones necesarias para hallar el valor de las letras y completar el cuadro inferior

7524 - a = 2527   5496 + b = 8756

425412 : c = 5252   4679 x d = 467900   25867 - f = 25840

e : 245 = 735000   950 + h = 3297   467 x j = 245175

a	b	c	d
e	f	h	j

- ¿Cuánto se obtiene al sumar las ocho letras?

Calcula

2762690 | 2460

326871 | 7236

454721 | 586

469732 | 712

El año pasado este templo fué visitado por 245.000 personas. De ellas la quinta parte eran menores de 12 años

Entradas:

Adultos: 24 €

Menores: 10 €

CONTESTA:

a) ¿Cuántas personas menores lo visitaron?

• ______________________

b) ¿Cuántos adultos lo vieron?

• ______________________

c) ¿Cuánto dinero se recaudó en taquilla? • ______________________

d) La tercera parte del dinero se destina a conservar los monumentos. ¿Cuánto dinero se dedicará a la conservación?

• ______________________

e) El resto del dinero se hace partes iguales. ¿Cuánto corresponde a cada parte?

• ______________________

En un almacén hay 2500 cajas como esta. Cada una contiene 25 botellas de vino, de medio litro cada botella... El precio de la botella es de 3 €

a) ¿Cuántas botellas hay en el almacén? • ______________________

b) ¿Cuántos litros de vino hay almacenados? • ______________________

c) ¿Qué valor tienen todas las botellas? • ______________________

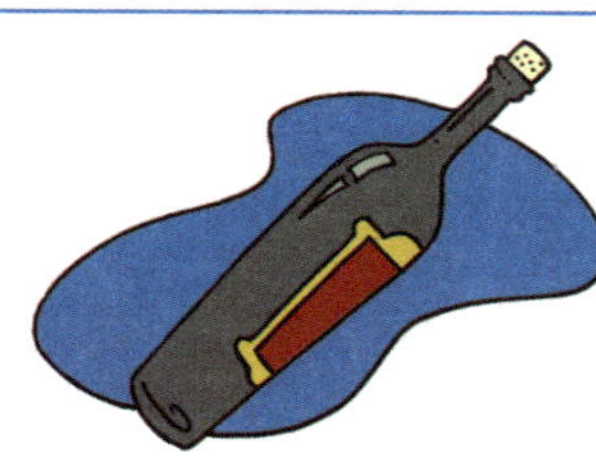

Calcula

73 x 10 = ____________

73 x 100 = ____________

730 x 100 = ____________

730 x 10 = ____________

273 x 10 = ____________

2730 x 10 = ____________

2730 x 100 = ____________

La suma de todos los resultados es .... (Rodéala)

360196
391360
690316
616390
319600
910639

Calcula

73290 | 812

46372 | 265

48679 | 253

28671 | 531

24698 | 914

32641 | 372

Coloca los números que faltan en estas multiplicaciones y complétalas

```
    25267
  x   137
  -------
   1_68_9
  7578_
 2_267
 --------
```

```
    41263
  x   245
  -------
   206_15
  1_5052
 _25_6
 --------
```

```
    28245
  x   186
  -------
   169470
  ______
 28245
 --------
```

Adivina las operaciones que hay que realizar con cada grupo de números para lograr el resultado final

125	25	50		(125 + 50) : 25	7
200	80	40			2
1000	200	20			60
400	20	30	2		900
70	70	20	70		90

Completa esta tabla haciendo todas las operaciones mentalmente

	: 10	x 3	: 5	+ 600	- 400
2000					
700					
900					
20000					
35000					
490					
4500					
2500					

Coloca en su lugar los términos de estas operaciones y realízalas

a)
Minuendo 79867
Sustraendo 25964

b)
Dividendo 4575
Divisor 25

c)
Sumando 49867
Sumando 57816

d)
Sustraendo 74684
minuendo 186271

e)
Divisor 140
Dividendo 358400

f)
Factor 2752
Factor 107

b)	e)	f)
c)	a)	d)

Operaciones encadenadas

Si al final encuentras el número indicado, es que el ejercicio es correcto

27684
\+ 19762
\- 35467
× 101
\+ 246271
1.456.150

25560 | 20
× 140
\+ 240.906 | 3
× 5
699.710

Realiza estas operaciones

25612 × 2437

45263 × 1925

28674 × 3721

46291 × 1867

37265 : 146

24867 : 241

416391 : 275

456271 + 386493 + 14276 + 23 + 1241

29637 + 318464 + 12345 + 326182 + 410

2926735 + 1245103 + 2000904 + 327216

472631 + 57296 + 14863

7632154 − 1832975

496247 − 186394

1275324 − 493162

4751246 − 1840291

- **Ordena de menor a mayor los resultados de esta página**

Escribe estas operaciones y resuélvelas

Dos millones ciento siete por mil nueve

Seiscientos quince mil cuatro menos noventa y ocho mil cien

Diecinueve millones ochocientos por ciento uno

Mil quince entre sesenta y dos

Cien mil ciento diez por seiscientos seis

Cuarenta y siete mil doce, más cuarenta y siete más nueve mil, más un millón doce

Multiplica

¿Eres capaz de encontrar un truco para hacerlo más rápido?

26000	26000	26000	26000	26000
x 105	x 101	x 102	x 103	x 104

Si lo has encontrado, explícalo aquí: ....

....

....

....

....

....

Intenta resolver mentalmente estas operaciones:

45000 + 20500 = ________

70200 + 20100 = ________

60000 + 30500 = ________

50300 + 20400 = ________

40000 + 25000 = ________

60400 + 8200 = ________

35000 + 25000 = ________

80100 + 5400 = ________

60500 + 10500 = ________

30200 + 20300 = ________

20100 x 50 = ________

40103 x 30 = ________

41210 x 20 = ________

71232 x 20 = ________

50140 x 20 = ________

10310 x 30 = ________

Suprime los ceros que puedas y verás qué fácil es

60.000.000 : 200.000 = ☐

70.000.000 : 70.500 = ☐

90.000.000 : 900.000 = ☐

80.000.000 : 8.000 = ☐

50.000.000 : 500 = ☐

40.000.000 : 4.000.000 = ☐

40.000 : 20 = ________

80.000 : 40 = ________

90.000 : 30 = ________

15.000 : 50 = ________

60.000 : 30 = ________

70.000 : 70 = ________

Divide siempre entre 5 (Mientras el cociente sea exacto)

10.000.000 → ☐ → ☐ → ☐ → ☐ → ☐ → ☐

Resuelve

35273 + 26924 =

5621 × 29 =

32467 − 18241 =

9246 : 3 =

5234 × 297 =

8263 × 147 =

3241 × 162 =

38682 : 9 =

54267 × 19 =

72375 × 412 =

629751 − 142863 =

Ahora colorea solo las zonas cuyos resultados esten arriba

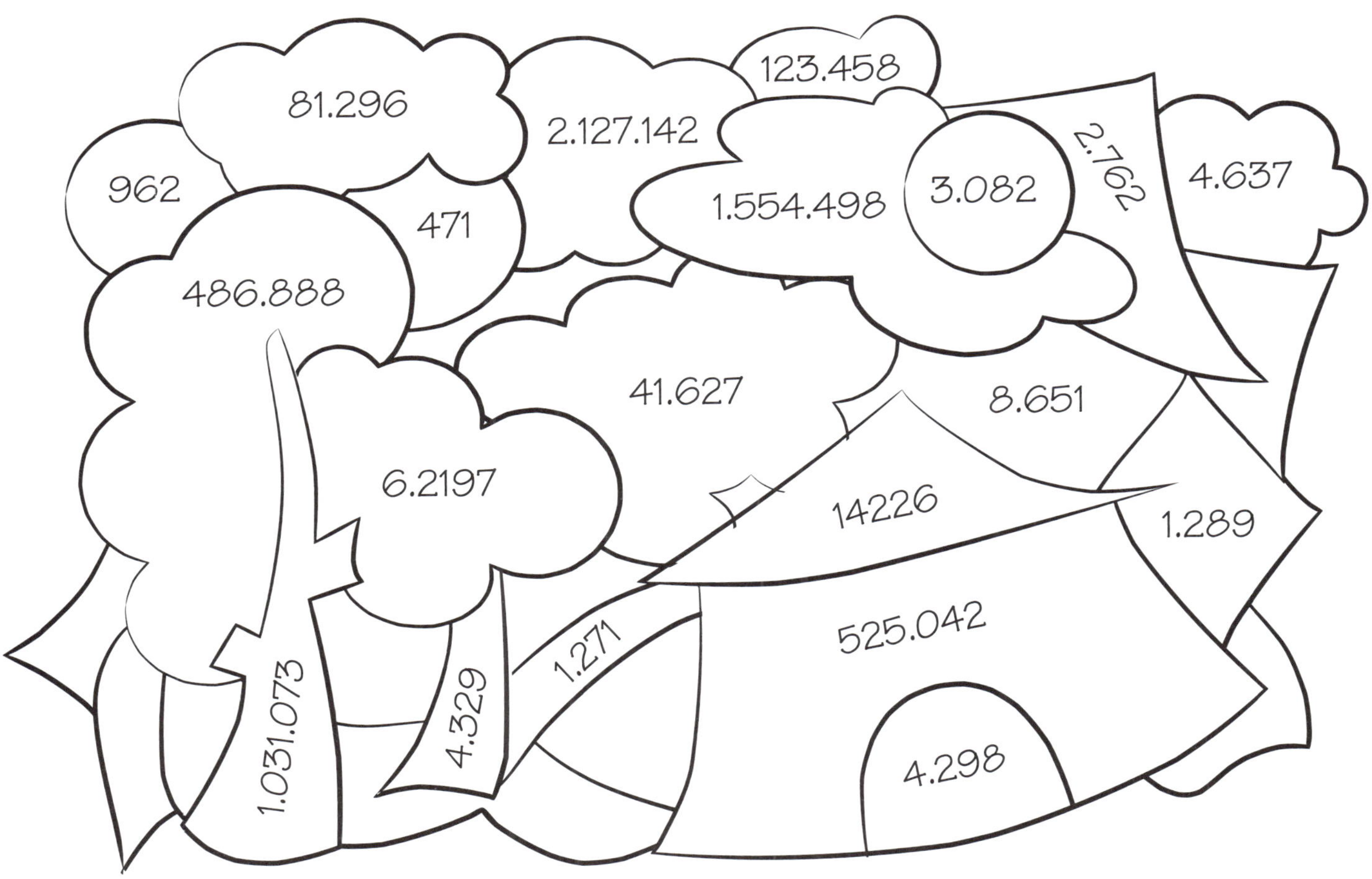

2751461 + 32015 = __________ + 18672 = __________ - 396240 = __________ + 26280 = __________ x 5 = __________ + 74629 = __________ + 1.000.000 = __________ - 876.296 = __________ + 120.000 = __________ - 42679 = __________ x 6 = __________ x 8 = __________ - 12465 = __________ - 325000 = [ ]

Operaciones

Resuelve aplicando las reglas que conoces sobre la prioridad de las operaciones

A

725 + 625 : 125 - 2 x 10 + 8000 : 800

725 + 5 - 20 + 10 = 720

B

(500 : 5) x (4 x 10) + 200 : 2 - 75

______ x ______ + ______ - ___

__________ + ______ - ___ = ________

C

$90 \times 5 - 420 : 70 + 10^2$

______ - ______ + ____ = ________

Ahora, haz las siguientes sin ayuda

D] 420 + 240 : 30 - 4 x 10 + 600 : 4

E] 1600 - 2000 : 50 + 40

F] (8 x 12) : 6 - 750 : 150 + 4 x 2

G] (750 - 100) : 50 + (900 - 800) : 4

H] 4000 : 20 - 5 x 10 + 4 : 2 - 20 : 10 + 5

-Autocorrección-

Aquí tienes todas las soluciones. Escribe junto a ellos la letra del ejercicio

4025		738		38		544	
1600		155		720	A	19	

Para pensar...

- A un número le hemos sumado 25400 y la suma nos da 37290. ¿Qué número era?

- Hemos dividido un número entre 10 y nos da 20 en el cociente. ¿Qué cociente nos hubiera dado si el divisor hubiese sido 20?
- Al restar 2000 a un número, nos ha dado el doble de 2000. ¿Qué número era?
- Hemos multiplicado un número por 20 y nos ha dado 4000 en el resultado. ¿Qué número era?
- Multiplico un número por 50 y nos da 100. ¿Cuánto me daría si lo hubiese multiplicado por 25?
- ¿Y si lo hubiese multiplicado por 100?

Haz aquí las operaciones

Recuerda lo que has aprendido para trabajar con los ceros intermedios y finales

2007 × 1004	40060 × 109	20004 × 1003	5007 × 20
50000 × 107	20000 × 209	30000 × 104	60000 × 606
709 × 400	1867 × 8000	40005 × 45	20090 × 902

Completa los números que faltan en estas restas

652415	572693	429617	4891657
- 2□321□	- 2□1□7□	- 1□2□3□	- 1□5□2□3
449201	320820	317082	3741404

Completa estas sumas

279265	468270	371462	392451
+ 3□4□5□	+ 1□41□7	+ 3□0□5□	+ 7□1□3□
613820	592407	722420	1154189

Completa, hallando los términos que faltan

69247 - ☐ = 58297

39627 - ☐ = 39482

75482 - ☐ = 19021464

☐ x 4215 = 84300

☐ : 25 = 14610

8645 : ☐ = 1729

65729 + ☐ = 65916

6153 x ☐ = 61530

☐ + 46271 = 146294

7241 x ☐ = 876161

67191 + ☐ = 68241

4870 x ☐ = 243500

Operaciones

Los cuatro términos de una división son: 2415, 20, 15 y 120

Escribe las divisiones que puedas crear con esos términos

Vamos de compras

	Compra	Gasta	Paga con	Le devuelven
ANA	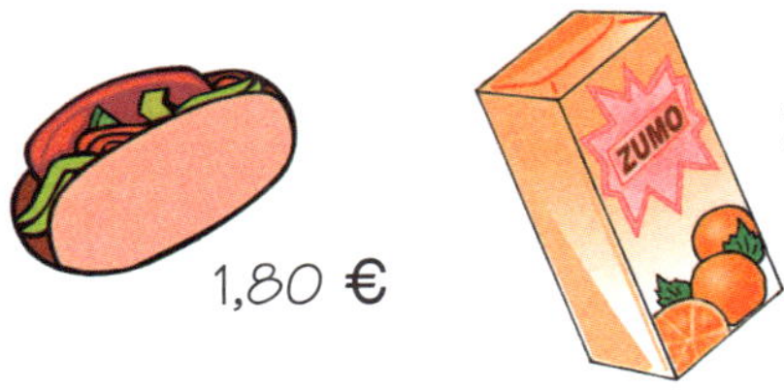 1,80 € 2,15 €			
PAULA	 1,20 € 0,90 € 0,90 €			
ANDRÉS	 2,15 €			
LUIS	 1,80 € 1,80 € 2,15 € 2,15 €			

Contesta:

- ¿Cuánto gastaron entre todos los amigos? ______________
- ¿Quién gastó más? ______________
- ¿Quién gastó menos? ______________

Operaciones

Colorea solo las zonas con números mayores que 3.500

A

$$\begin{array}{r} 3290 \\ +\ 820 \\ \hline \end{array}$$

B

$$\begin{array}{r} 8247 \\ -7275 \\ \hline \end{array}$$

C

$$\begin{array}{r} 246 \\ \times\ 15 \\ \hline \end{array}$$

D

$$\begin{array}{r} 4296 \\ -1184 \\ \hline \end{array}$$

E

$$\begin{array}{r} 9000 \\ -8140 \\ \hline \end{array}$$

F

$$\begin{array}{r} 327 \\ \times\ 9 \\ \hline \end{array}$$

G

$$\begin{array}{r} 860 \\ 141 \\ +729 \\ \hline \end{array}$$

H

$$\begin{array}{r} 2920 \\ +1460 \\ \hline \end{array}$$

I

$$\begin{array}{r} 60 \\ \times 50 \\ \hline \end{array}$$

J

$$31940 \,\underline{|\,7\quad}$$

K

$$\begin{array}{r} 245 \\ \times\ 20 \\ \hline \end{array}$$

L

$$\begin{array}{r} 7520 \\ -5545 \\ \hline \end{array}$$

LL

763 - 21 =

M

$$\begin{array}{r} 8642 \\ -7500 \\ \hline \end{array}$$

N

$$\begin{array}{r} 80 \\ \times 30 \\ \hline \end{array}$$

O

$$\begin{array}{r} 4500 \\ -1020 \\ \hline \end{array}$$

P

4160 - 571 =

Sigue las claves

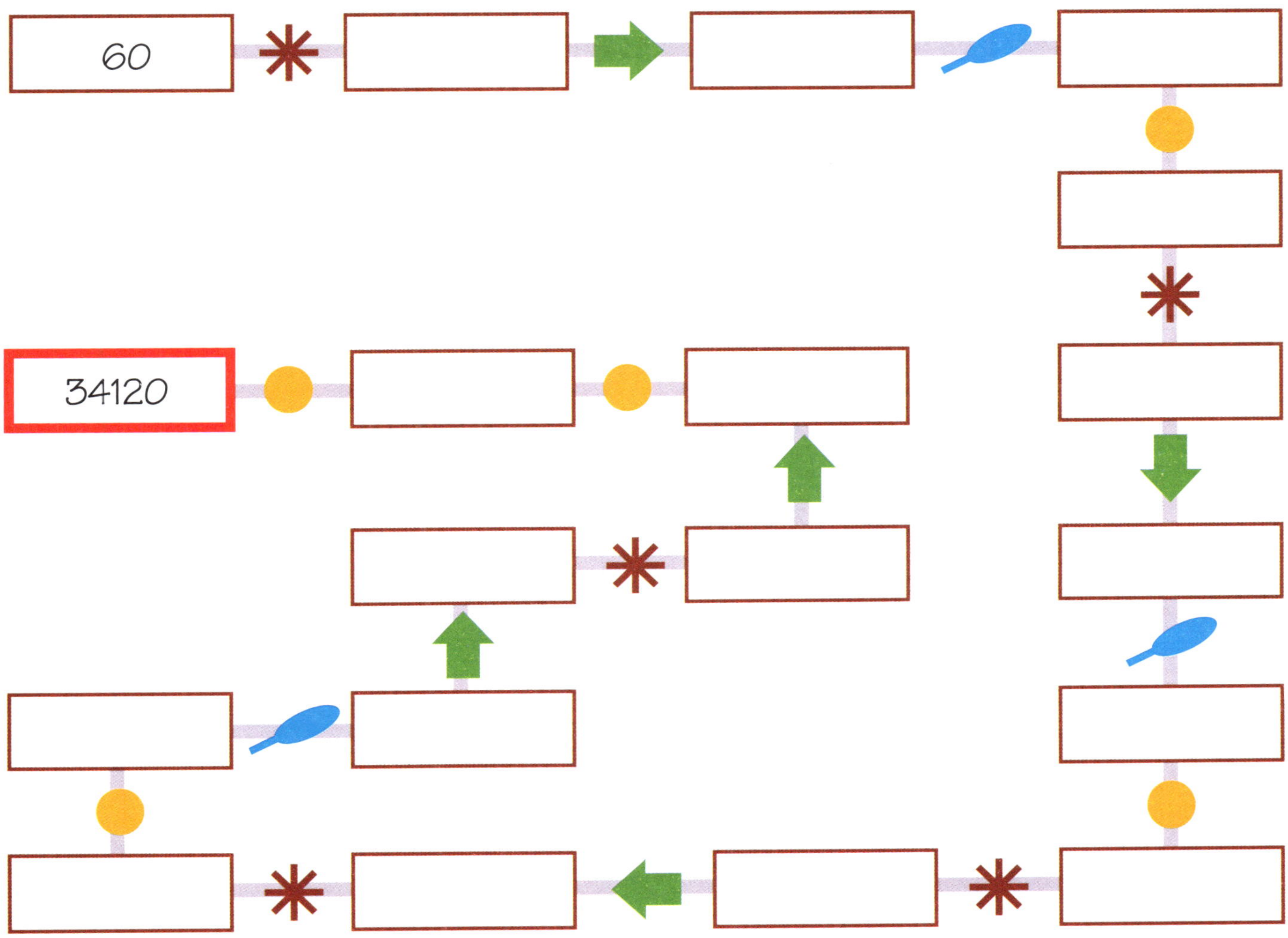

Operaciones:

Coloca la letra de cada operación junto a su objeto y únelo a su bidón

Vino
835553

Pizza
714853

Agua
110

Vaso
10073672

A

```
  27586
+ 29241
-------
  56827
```

B

```
  632414
- 182971
--------
```

C

```
  732697
+ 102856
--------
```

D

```
  1000000
-  285147
---------
```

E

```
265976 | 2486
       +------
```

F

```
484752 | 4371
       +------
```

H

```
  49624
x   203
-------
```

G

```
  287695
x    103
--------
```

(A)

Yogur
56827

Leche
106

Arroz
29632585

Periódico
449443

Calcula

732695 | 217

8692564 | 1247

76291 | 512

673241 | 112

867294 | 3575

4629 | 86

$$\begin{array}{r} 26951 \\ \times \quad 146 \\ \hline \end{array}$$

$$\begin{array}{r} 472651 \\ \times \quad 263 \\ \hline \end{array}$$

$$\begin{array}{r} 32591 \\ \times \quad 470 \\ \hline \end{array}$$

$$\begin{array}{r} 202020 \\ \times \quad 2020 \\ \hline \end{array}$$

Calcula

2020 + 220 + 202 + 22 + 2

407 + 47 + 704 + 4070 + 70407

869 + 9608 + 806 + 6098 + 98

257 + 752 + 257 + 275

414 + 441 + 144 + 4014

699 + 996 + 969 + 69 + 9

Completa

15000 → : 100 → ___ → + 500 → ___ → : 10 → ___ → x 2 → ___

→ x 20 → ___ → x 5 → ___ → x 10 → ___ → : 1000 → ___

→ : 5 → ___ → x 30 → ___ → : 20 → ___

40 → x 1500 → ___ → : 600 → ___ → x 30 → ___ → :150 → ___ → x 25 → ___

Halla los dividendos si el resto siempre es 250

Dividendo	Divisor	Cociente
______	325	75
______	251	273

RESTO

RESTO

Calcula el término desconocido

7520 : ___ = 752	73200 x ___ = 732000
4000 : ___ = 40	73200 x ___ = 7320000
4000 : ___ = 4	6290 x ___ = 62900
4000 : ___ = 400	5070 x ___ = 507000
8250 : ___ = 825	4275 x ___ = 4275000

ÍNDICE DE CONTENIDOS

CONTENIDO DE LOS CUADERNOS DE CÁLCULO FÁCIL

PRIMER CICLO DE EDUCACIÓN PRIMARIA

PRIMER CURSO

CUADERNO 1	*Iniciación a la suma sin llevada hasta el número 30. El signo de sumar. Sumas en vertical y horizontal con sólo un dígito en cada sumando, con dos dígitos en un solo sumando. Con tres sumandos. EDUCACIÓN EN VALORES: Alimentos sanos y frutas preferidas.*
CUADERNO 2	*Sumas sin llevar hasta el 99. Sumar decenas más un dígito. Sumas con tres sumandos. EDUCACIÓN EN VALORES: Papel reciclado.*
CUADERNO 3	*Iniciación a la resta sin llevadas hasta el 30. El signo de restar. Restas en vertical con un solo dígito en el minuendo y en el sustraendo, con apoyo gráfico. Realización de series sencillas. EDUCACIÓN EN VALORES: Me divierto con mi mascota.*

SEGUNDO CURSO

CUADERNO 4	*Restas sin llevar hasta el 99. Restas gráficas aplicadas a situaciones cotidianas. Con dos dígitos en el minuendo y el sustraendo. Series. Restar coloreando decenas y unidades. EDUCACIÓN EN VALORES: La naturaleza es vida.*
CUADERNO 5	*Sumas llevando con una y dos cifras. Sumas en horizontal y vertical con dos o tres sumandos. Sumas con llevadas en las unidades. Llevada en las decenas. Llevada tanto en unidades como en decenas. Completar tablas de sumas. EDUCACIÓN EN VALORES: Utilidad de las Matemáticas.*
CUADERNO 6	*Sumas llevando con dos y tres cifras. Con dos sumandos. Agrupar en decenas y sumar con otro número. Colocar en vertical y sumar. Sumar centenas transformando en unidades. Llevadas de 20. Juegos. EDUCACIÓN EN VALORES: La lluvia.*

SEGUNDO CICLO DE EDUCACIÓN PRIMARIA

TERCER CURSO

CUADERNO 7	*Restas llevando con decenas y centenas en el minuendo y el sustraendo. Restas coloreando decenas y centenas. Vamos de compras. Series. EDUCACIÓN EN VALORES: Interculturalidad.*
CUADERNO 8	*Restas llevando. Restas coloreando decenas y centenas y su transformación en operaciones. Reconocer minuendo, sustraendo y diferencia. Expresiones que indican resta. Cálculo mental. Series. Juegos. EDUCACIÓN EN VALORES: Cuido los jardines y las plantas.*
CUADERNO 9	*Sumas y restas llevando con tres y cuatro cifras. Propiedades de la suma. Palabras que indican suma. Prueba de la resta. Aplicación de estas operaciones a situaciones cotidianas. Completar operaciones. Palabras que indican restas. Propiedades de la suma. Juegos con ayuda de gráficos. EDUCACIÓN EN VALORES: Evitar los incendios forestales*

CUARTO CURSO

CUADERNO 10	*Multiplicación por una cifra hasta tabla del 5. Transformar una suma en multiplicación. Ejercicios para multiplicar con tablas del 2 al 5. Multiplicaciones con llevadas. Doble. Triple con gráficos. Multiplicaciones con 2 y tres cifras. Juegos. EDUCACIÓN EN VALORES: Amar y cuidar los animales.*
CUADERNO 11	*Multiplicación por una cifra (del 6 al 9). Transformar una suma en multiplicación. Conocer los términos de la multiplicación. Multiplicar con llevadas. Multiplicar por 10, 100 y 1000. Sopa de números. Juegos. EDUCACIÓN EN VALORES: Me relaciono con mis amigos y mis compañeros.*
CUADERNO 12	*Multiplicación por dos y tres cifras. Ceros intermedios. Ceros finales. Completar tablas de operaciones. Completar números en una operación. Vamos de compras. Series. Juegos. Productos caseros. EDUCACIÓN EN VALORES: En el juego y en el deporte, lo importante es participar.*
CUADERNO 13	*Iniciación a la división. División por una cifra. Repartos. Relación entre la multiplicación y la división. Mitad y tercio. Términos de la división. Nos fijamos en la primera cifra del dividendo. División exacta e inexacta. Divisiones con cero en el cociente. Juegos. EDUCACIÓN EN VALORES: Ahorrar agua.*

CONTENIDO DE LOS CUADERNOS DE CÁLCULO FÁCIL

TERCER CICLO DE EDUCACIÓN PRIMARIA

QUINTO CURSO

CUADERNO 14	*División por una y dos cifras. División exacta e inexacta. Relación entre los términos de una división. Cero en el cociente. La prueba de la división. Mitad, tercio y cuarto. Aplicación práctica. Series. División por la unidad seguida de ceros. Juegos. EDUCACIÓN EN VALORES: La contaminación acústica.*
CUADERNO 15	*División por dos y tres cifras. La división en ejemplos cotidianos. Relaciones entre los términos de una división. Prueba de la división. Enunciados frecuentes en problemas de dividir. Mitad, tercio, cuarta parte. Completar tablas con elementos de la división. División gráfica. Crucigramas con conceptos relacionados con la división. EDUCACIÓN EN VALORES: Peces pequeños.*
CUADERNO 16	*Suma y resta con tres y cuatro cifras. Multiplicación y división por una y dos cifras. Juegos numéricos. Series. Ejercicios aplicados a situaciones de la vida real. Juegos gráficos y numéricos. Búsqueda de términos que faltan en operaciones. EDUCACIÓN EN VALORES: Saber perder y ganar.*

SEXTO CURSO

CUADERNO 17	*Suma, resta, multiplicación y división. Aplicar las propiedades de la suma. Buscar términos desconocidos en operaciones. Completar tablas de diferentes operaciones. Elegir la operación correcta en diferentes casos. Juegos numéricos. Cadenas de operaciones. Juegos gráficos. EDUCACIÓN EN VALORES: Clasificar las basuras según su tipo.*
CUADERNO 18	*Relación entre fracción decimal y número decimal. Suma de decimales. Series usando las sumas y restas de decimales. Ejercicios de la vida real usando decimales. Búsqueda de términos desconocidos en operaciones con decimales. Completar tablas. Juegos gráficos y numéricos. EDUCACIÓN EN VALORES: Contaminación de las playas.*
CUADERNO 19	*Multiplicación de naturales por decimales. Problemas con decimales adaptados a la vida diaria. Multiplicación de decimales por 10, 100 y 1000. Tablas de multiplicaciones por la unidad seguida de ceros. Series. División de un decimal entre un número entero. Juegos gráficos. Divisiones de números decimales entre 10, 100 y 1000. EDUCACIÓN EN VALORES: Contaminación del mar.*
CUADERNO 20	*Multiplicación de dos números decimales. Sumas de números decimales. Buscar factores que faltan en una multiplicación. Problemas gráficos. Lectura y escritura de decimales. Series usando la multiplicación por la unidad seguida de ceros. Problemas con decimales adaptados a la vida diaria. Aplicación de los decimales al Euro. Aplicación de los decimales al Sistema Métrico Decimal. Unidades de longitud, masa y capacidad. División de un entero entre un decimal. EDUCACIÓN EN VALORES: Contrastes: Valores y contravalores.*
CUADERNO 21	*División y multiplicación por tres y cuatro cifras. Operaciones con decimales. Divisibilidad. Cálculo del m.c.m. y del M.C.D. Operaciones combinadas con y sin paréntesis. Fracciones. Potencias. Raíz cuadrada. Porcentajes. Proporcionalidad. Inicio del álgebra. Estadística. Números enteros. Orientación espacial con ejes de coordenadas. Estudio de gráficas y tablas. EDUCACIÓN EN VALORES: Convivencia con los compañeros.*

Los cuadernos del 15 al 21 se recomiendan como refuerzo para el primer ciclo de E.S.O.